普通高等教育“十三五”规划教材

大学物理实验指导与报告

徐 鸣 屈光辉 编

机械工业出版社

本书是按照教育部高等学校物理基础课程教学指导分委员会制定的《理工科类大学物理实验课程教学基本要求》（2010 年版），面对 21 世纪对人才培养的新要求和在完全学分制下学生自由选课和专业认证的新形势，总结西安理工大学多年来工科物理实验课程的教学改革与实践经验。本书内容包括力学、热学、光学、电磁学、近代物理等常开实验项目。

与《大学物理实验教程》（第 2 版，施卫主编，机械工业出版社出版）配套使用，也可作为相关教学和实际工作者的参考读物。

本书实用性强，学生在做实验之前，需要先完成该实验的预习思考题、实验内容、实验目的、实验仪器与用具、实验原理及步骤简述等部分。在实验室做完实验后，需按要求填写数据表格，计算实验数据，回答问题，最后完成实验报告。在验收、考核时，每项实验成绩包括预习成绩、操作成绩和报告成绩等几部分，环环相扣，从而保证实验教学质量。

图书在版编目（CIP）数据

大学物理实验指导与报告/徐鸣，屈光辉编．—北京：机械工业出版社，2016.1（2026.3 重印）
普通高等教育“十三五”规划教材
ISBN 978-7-111-52853-1

Ⅰ.①大…　Ⅱ.①徐…②屈…　Ⅲ.①物理学-实验-高等学校-教学参考资料　Ⅳ.①04-33

中国版本图书馆 CIP 数据核字（2016）第 010062 号

机械工业出版社（北京市百万庄大街 22 号　邮政编码 100037）
策划编辑：李永联　责任编辑：李永联　陈崇昱
责任校对：丁　方　封面设计：马精明
责任印制：郜　敏
保定市中画美凯印刷有限公司印刷
2026 年 3 月第 1 版第 12 次印刷
184mm×260mm · 6.5 印张 · 142 千字
标准书号：ISBN 978-7-111-52853-1
定价：16.90 元

凡购本书，如有缺页、倒页、脱页，由本社发行部调换

电话服务
服务咨询热线：010-88379833
读者购书热线：010-88379649

网络服务
机 工 官 网：www.cmpbook.com
机 工 官 博：weibo.com/cmp1952
教育服务网：www.cmpedu.com
金 书 网：www.golden-book.com

前　言

本书是按照教育部高等学校物理基础课程教学指导分委员会制定的《理工科类大学物理实验课程教学基本要求》(2010 年版)，结合西安理工大学多年来工科物理实验课程的教学改革与实践，特别是在完全学分制教学体制下，兼顾基础，在总结激励和培养创新型人才的实验教学体制、教学内容、教学方法和教学手段等方面的改革实践经验的基础上编写而成的。本书共编入 19 个实验，内容涵盖了力学、热学、声学、光学、电磁学与近代物理，与《大学物理实验教程》（第 2 版，施卫主编，机械工业出版社出版）配套使用，使用者可根据专业和实验仪器设备的不同来选择不同的实验项目。

大学物理实验是理工科院校学生进行科学实验基本训练的一门必修课，也是学生进入大学最先接触到的实践环节，是学生系统地学习实验方法和实验技能，进行实验数据处理和分析的开端。西安理工大学历来重视实践性教学环节的改革与实践，特别是面对大众化教育以及完全学分制下教学环境的新形势，在满足 21 世纪对人才培养的新要求和激励创新型人才脱颖而出方面，进行了深入的改革与实践。

本书的编写既保留了经长期教学实践证明对培养学生实验能力行之有效的典型实验，也增加了近代科技中具有代表性的实验，同时还增添了一些具有时代特点的实验项目和计算机仿真实验。在实验内容上体现综合性、设计性和时代感；在一些实验中增加了选做内容和思考题；在内容编排上循序渐进，联系实际，便于学生自学，引导学生思考。书中的名词、术语、概念、误差公式等均采用或参照最新国家标准或通用的定义和形式。

真诚欢迎同行专家和广大读者多提宝贵意见，以使本书不断得到改进与提高。

编　者

目　录

“大学物理实验”考核办法

一、原则

注重学生创新能力和动手能力的培养，充分发挥学生的主观能动性，满足各层次学生的学习需要，达到激发学生从自主学习到主动学习，再到研究性学习的目的，培养具备现代科技素质和自主创新能力的高质量、高层次的工程技术人才。

二、具体措施

大学物理实验课程考核方式分为免试和操作考试两类。根据学生在平时做必修的验证性、综合性、设计性实验项目的整体完成情况，以及在选做实验中表现出来的创新意识与动手能力等确定免试学生名单。实行部分学生免试的宗旨是，鼓励学生“自主学习、主动学习、研究性学习”，不仅在课堂时间内完成必做内容，而且努力完成选做内容，并对学生的总成绩进行科学的综合评定。未获得免试资格的学生，需要通过操作考试，操作考试的成绩由考试成绩、平时成绩及动手操作能力等综合评定，在注重学生能力测试的前提下给出其总评成绩。

判定免试的具体办法如下：根据平时实验的完成情况（预习部分占10%、操作部分占30%、选做内容部分占30%、报告占20%、纪律占10%），综合评定平时成绩，平时成绩优秀的学生将获得物理实验免试资格。免试名额由应用物理系物理实验考核小组统一确定，每班免试人数不超过免试名额的上限，宁缺毋滥，以达到选拔优秀和激励学生的目的。

操作考试的具体规范如下：最后一次实验课向班级学生宣布免试名单，同时确定应参加操作考试的学生；通知参加考试学生的具体考试时间及分组；操作考试实验内容由非任课教师随机排列确定，考试前10min公示学生；操作考试成绩总分以20分计，由监考老师根据考试中学生完成的具体情况确定操作考试实验项目的及格线，采用末位淘汰制，体现学生相对水平。

总成绩	签名

一、测量误差及数据处理

学院______________ 班级______________ 组号________________

姓名______________ 学号______________ 实验日期______________

书写要求：1. 字迹工整、清晰，铅笔书写文字无效；
2. 使用绘图工具画图，作图规范。

预习思考题

1. 大学物理实验课程的作用和教学要求是什么？实验报告应包括哪些内容？

2. 物理实验的测量范围是什么？常用的测量方法有哪些？测量从形式上可分为哪几类？

3. 有效数字的定义和运算法则是什么？什么是科学计数法？直接测量结果的有效数字位数与哪些因素有关？

4. 为什么测量结果都带有误差？误差可分为几类？应如何消除或减小误差？

5. 如何计算等精度多次测量的标准偏差和平均值的标准偏差？

6. 如何推导误差传递公式？

7. 实验报告中的作图规则是什么？为什么一定要用坐标纸画曲线？

课后作业

1. 指出下列各数是几位有效数字：

（1）0.0001 ________；（2）0.100 ________；（3）1.0000 ________；

（4）980.12300 ________；（5）1.35 ________；（6）0.0135 ________；

（7）1.23×10^5 ________；（8）3×10^{-4} ________；（9）2.0×10^6 ________。

2. 进行如下测量时，按有效数字要求，哪些记录有错误？

（1）用分度值为 0.01mm 的千分尺测物体长度：

0.46 cm ________；0.5 cm ________；0.317 cm ________；0.0236 cm ________。

（2）用分度值为 0.02mm 的游标卡尺测物体长度

40 mm ________；71.05 mm ________；52.6 mm ________；23.46 mm ________。

3. 利用有效数字运算规则计算下列各式：

（1）$\dfrac{21.00}{40.00-22.0}=$

（2）$\dfrac{450.0\times3.2+1.76\times8.00}{5.32}=$

（3）$\dfrac{101.0\times(4.6+4.402)}{(89.00-88.0)\times10.000}+210.0=$

4. 改正下列错误，并写出正确答案：

（1）$m=(3169\pm200)\text{kg}$ ________________

（2）$d=(110.430\pm0.3)\text{cm}$ ________________

（3）$h=(18.5476\pm0.3123)\text{cm}$ ________________

（4）$D=(18.3654\pm1.4)\text{cm}$ ________________

（5）$L=(27.3\times10^4\pm2000)\text{km}$ ________________

5. 重复测量某物体的质量 6 次得如下数据：

次数 / 质量	1	2	3	4	5	6
m/g	20.124	20.115	20.120	20.123	20.122	20.121

试求其算术平均值和标准偏差，并正确表示出测量结果。

6. 写出下列函数的标准偏差传递公式：

（1）$N=\dfrac{4\rho r^3}{\lambda ab^3}$　　$\dfrac{S_N}{N}=$

（2）$N=\dfrac{1}{2}x-\dfrac{1}{3}y^3$　　$S_N=$

（3）$N=r+\dfrac{d^2}{D}$　　$S_N=$

（4）$N=x\sin y$　　$\dfrac{S_N}{N}=$

（5）$N=\dfrac{x}{y-z}$　　$\dfrac{S_N}{N}=$

（6）$N=\frac{1}{2L}\sqrt{\frac{mgl_0}{m_0}}$（$g$ 为常数）　　　$\frac{S_N}{N}=$

7. 某圆直径的测量结果为 $d=\bar{d}\pm S_d=(0.600\pm0.002)$ cm，求圆的面积和面积的标准偏差，并正确表示出测量结果。

8. 将毛细管中注入一段水银，设水银柱的长度为 h、质量为 m，可由函数 $r=\sqrt{\frac{m}{\pi h\rho}}$ 求出毛细管半径 r。现测得 $m=(72.5\pm0.6)$ g，$h=(1.765\pm0.002)$ cm，$\rho=13.56\text{g}\cdot\text{cm}^{-3}$，求毛细管半径 r 和 r 的标准偏差，并正确表示出测量结果。

9. 一竖直轻弹簧的长度 L 和下端所加负载质量的数据关系见下表，试用作图法求出弹簧的刚度系数。

m/g	0	2.0	4.0	6.0	8.0	10.0
L/cm	16.5	18.5	20.6	22.9	25.1	27.2

总成绩	签名

二、力学基本测量仪器的使用及弹性模量的测定（实验1）

学院________________ 班级________________ 组号____________________

姓名________________ 学号________________ 实验日期________________

书写要求：1. 字迹工整、清晰，铅笔书写文字无效；

2. 使用绘图工具画图，作图规范。

预习思考题

1. 游标卡尺有几种用途？分度值如何确定？如何读数？若游标零线与主尺零线未对齐，应对读数如何修正？在本实验中怎样测量可减小误差？

2. 千分尺上的数据应如何读数？若测量前千分尺的读数不为零，应对测量数据如何修正？使用千分尺有哪些注意事项？

3. 在测定固体密度和弹性模量时，分别要测量哪些量？使用什么测量工具？各量分别测几次？

4. 什么是应力、应变、弹性模量？对材料相同，但粗细和长度不同的两根钢丝，其弹性模量是否相同？

5. 弹性模量实验为什么要用光杠杆放大法测量钢丝伸长量 ΔL，其放大倍数是多少？

6. 测 Δn 时，为什么要用逐次增加 1kg 砝码的 n_1，n_2，…，n_8（上行值）与逐次减去 1kg 砝码的 n_8，n_7，…，n_1（下行值）的平均值 n_i 作为测量值？在公式 $E=\dfrac{8mgLD}{\pi d^2 b\Delta n}$中，$\Delta n$ 对应几个砝码的伸长量？而用逐差法计算出来的 Δn 对应几个砝码的伸长量？（注意下标 i 与砝码数及 Δn 与 m 间的各自对应关系）。

7. 本实验为什么采用逐差法求标尺读数之差？当采用逐差法处理数据时，原始数据应为偶数个还是奇数个？各数据间应有什么关系？什么样的函数可采用逐差法处理数据？

8. 本实验中望远镜的调节分几步？各步调节的原理是什么？

实 验 报 告

（一）实验题目：力学基本测量仪器的使用及弹性模量的测定

（二）实验内容

（三）实验目的

（四）实验仪器与用具

（五）实验原理简述

（六）实验步骤简述

（七）本实验操作注意事项

（八）原始数据记录与数据处理（教师当堂签字方为有效，不得涂改）

Ⅰ 固体密度的测定

1. 数据表格

空心圆柱体的测量

n	1	2	3	4	5	6	7	8	平均值	标准偏差
$L/10^{-3}$m										
$D/10^{-3}$m										
$d/10^{-3}$m										
$m/10^{-3}$kg					电子天平仪器误差				0.001	

教师签名____________日期________

2. 测量结果

$$\bar{\rho}=\frac{4m}{\pi(\bar{D}^2-\bar{d}^2)\bar{L}}=$$

$$\frac{S_\rho}{\rho}=\sqrt{\left(\frac{S_m}{m}\right)^2+\left(\frac{2S_D\bar{D}}{\bar{D}^2-\bar{d}^2}\right)^2+\left(\frac{2\bar{d}S_d}{\bar{D}^2-\bar{d}^2}\right)^2+\left(\frac{S_L}{\bar{L}}\right)^2}=$$

$$S_\rho=\frac{S_\rho}{\rho}\cdot\bar{\rho}=$$

$$\rho=\bar{\rho}\pm S_\rho=$$

Ⅱ 弹性模量的测定

1. 数据表格

钢丝直径

测量次数	1	2	3	4	5	6	7	8	9	10	平均
$d/10^{-3}$m											
$\Delta d/10^{-3}$m											$S_d=$

增减砝码时，记录相应标尺读数

次数 /i	荷重 /kg	增重读数 $n/10^{-2}$m	减重读数 $n'/10^{-2}$m	两次读数平均 $\bar{n}/10^{-2}$m	$\Delta n_j=\bar{n}_{i+4}-\bar{n}_i$ /10^{-2}m	$\Delta(\Delta n)$ /10^{-2}m
1	1				$\Delta n_1=\bar{n}_5-\bar{n}_1$ =	
2	2					
3	3				$\Delta n_2=\bar{n}_6-\bar{n}_2$ =	
4	4					

（续）

次数 /i	荷重 /kg	增重读数 $n/10^{-2}$m	减重读数 $n'/10^{-2}$m	两次读数平均 $\bar{n}/10^{-2}$m	$\Delta n_j=\bar{n}_{i+4}-\bar{n}_i$ /10^{-2}m	$\Delta(\Delta n)$ /10^{-2}m
5	5				$\Delta n_3=\bar{n}_7-\bar{n}_3$ =	
6	6					
7	7				$\Delta n_4=\bar{n}_8-\bar{n}_4$ =	
8	8					
平均值			每1个砝码		$\overline{\Delta n}=\frac{\sum_{i=1}^{4}\Delta n_i}{4\times4}=$	$S_{\Delta n}=$

其他测量结果

L/cm	D/cm	b/cm

教师签名____________日期________

2. 测量结果

在计算标准误差时，砝码为0.5级砝码，仪器误差为0.005kg；在测量钢丝长度L时，由于两端不易对准，仪器误差取为0.5×10^{-2}m；因D本身测量误差大，仪器误差取为1×10^{-2}m；光杠杆长度b的仪器误差为0.05×10^{-2}m；其他量的标准误差按公式计算。

根据所测的数据，由式（1－9）$E=\frac{8mgLD}{\pi d^2b\Delta n}$计算出

$$\bar{E}=\frac{8mgLD}{\pi d^2b\overline{\Delta n}}=$$

相对误差 $\frac{S_E}{E}=\sqrt{\left(\frac{S_m}{m}\right)^2+\left(\frac{S_L}{L}\right)^2+\left(\frac{S_D}{D}\right)^2+\left(\frac{2S_d}{d}\right)^2+\left(\frac{S_b}{b}\right)^2+\left(\frac{S_{\Delta n}}{\overline{\Delta n}}\right)^2}$

$=$

标准误差 $S_E=\frac{S_E}{E}\cdot\bar{E}=$

结果表示 $E=\bar{E}\pm S_E=$

（九）对测量结果的评价与分析

总成绩	签名

三、声速的测量（实验7）

学院________________ 班级________________ 组号____________________

姓名________________ 学号________________ 实验日期_______________

书写要求：1. 字迹工整、清晰，铅笔书写文字无效；
2. 使用绘图工具画图，作图规范。

预习思考题

1. 超声振动是如何产生的？超声波具有什么特点？
2. 通常所说的超声波的频率范围是多少？
3. 声速测量中共振干涉法、相位法、时差法有何异同？
4. 为什么要在谐振频率条件下进行声速测量，如何调节和判断测量系统是否处于谐振状态？
5. 为什么发射换能器的发射面与接收换能器的接收面要保持互相平行？
6. 声音在不同介质中传播有何区别？声速为什么会不同？

实 验 报 告

（一）**实验题目：**声速的测量

（二）**实验内容**

（三）**实验目的**

（四）**实验仪器与用具**

（五）**实验原理简述**

（六）实验步骤简述

（七）本实验操作注意事项

（八）原始数据记录（教师当堂签字有效，不得涂改）

（室温 t：　℃）

1. 压电陶瓷换能器系统最佳工作频率

n	1	2	3	4	5	平均值
f/kHz						

2. 共振干涉法测量波长

i	1	2	3	4	5	6
L_i/mm						

3. 相位比较法测量波长

i	1	2	3	4	5	6
L_i/mm						

4. 时差法测量声速

i	1	2	3	4	5	6
L_i/mm						
$t_i/10^{-6}$s						

教师签名＿＿＿＿＿＿＿　日期＿＿＿＿＿

（九）数据处理

1. 压电换能器系统最佳工作频率：$v_{理论} = (331.45 + 0.59t)(\mathrm{m/s}) =$

$$f = \frac{1}{5}\sum_{i=1}^{5} f_i =$$

2. 共振干涉法测量波长：

$$\lambda = 2 \times \frac{1}{3^2}\sum_{i=1}^{3}(L_{i+3} - L_i) =$$

$v = \lambda \cdot f =$

相对误差$\left|\frac{v - v_{理}}{v_{理}}\right| \times 100\% =$

3. 相位比较法测量波长：

$\lambda = 2 \times \frac{1}{3^2}\sum_{i=1}^{3}(L_{i+3} - L_i)$（按半个周期测，$n=2$；按一个周期测，$n=1$）

$v = \lambda \cdot f =$

相对误差$\left|\frac{v - v_{理}}{v_{理}}\right| \times 100\% =$

4. 时差法测量声速

（1）$v = \frac{1}{3}\sum_{i=1}^{3}[(L_{i+3} - L_i)/(t_{i+3} - t_i)] =$

相对误差 $\left|\frac{v - v_{理}}{v_{理}}\right| \times 100\% =$

（2）用坐标纸作 $L-t$ 拟合直线，并由直线斜率求声速：$v = \Delta L / \Delta t =$

（十）对测量结果的评价与分析

总成绩	签名

四、用惠斯顿电桥测电阻（实验9）

学院________________ 班级________________ 组号____________________

姓名________________ 学号________________ 实验日期________________

书写要求：1. 字迹工整、清晰，铅笔书写文字无效；

2. 使用绘图工具画图，作图规范。

预习思考题

1. 用电桥电路测量电阻的基本原理是什么？为什么用电桥测电阻比伏安法测电阻更精确？电桥电路适合于测量什么阻值范围的电阻？此电路还有什么用途？

2. 在自组式电桥电路中，滑线变阻器 R 起什么作用？在测量时，应按什么顺序调节？电阻箱又应如何使用？

3. 用自组式电桥电路测电阻时，为什么要将 R_x 和 R_S 位置交换测量？此时消除什么误差？

4. 本实验要求用自组式电桥测量哪些数据？各测量几次？测试条件是什么？进行测量时，调节仪器有何技巧？何为逐次逼近法？

5. 电桥的灵敏度是指什么？为提高电桥的灵敏度，可采用哪些措施？

6. 在用自组式惠斯顿电桥进行测量时，如出现下列情况，仍能进行正常测量的情况：

（1）电源正、负极接反了；

（2）电源电压不稳定；

（3）有一桥臂阻值为零（被短路）；

（4）有一桥臂阻值为“无穷大”（断路）；

（5）检流计正、负极接反了；

（6）检流计没有调好零点；

（7）电源与检流计之间接线位置互换。

实 验 报 告

（一）实验题目：用惠斯顿电桥测电阻

（二）实验内容

（三）实验目的

（四）实验仪器与用具

（五）实验原理简述及实测电路图

（六）实验步骤简述

（七）本实验操作注意事项

（八）原始数据记录（教师当堂签字方为有效，不得涂改）

1. 自组电桥测电阻

电阻箱级别0.2；待测电阻粗测值________

条件：$R_1=R_2=100\Omega$；$R_s=$________；$R'_s=$________

2. 分析比率值 $R_1:R_2$ 对电桥灵敏度的影响

$R_1:R_2$	R_1/Ω	R_2/Ω	R_s/Ω	$\Delta R_s/\Omega$	Δn/格	灵敏度 S/格
1:1	100	100				
1:5	20	100				
1:10	10	100				

3. 测量热敏电阻的温度特性

（1）测定标曲线　　（热敏电阻 $R_0=100\Omega$，在25℃时）

	1	2	3	4	5	6	7	8	9	10
$I/\mu A$										
电阻箱值/Ω										

（2）测量　　（从30℃开始测量）

t/℃										
电流/μA										
R_t/Ω										
$\frac{1}{T}/\frac{1}{\mathrm{K}}$										
$\ln R_t/\Omega$										

教师签名＿＿＿＿＿＿　日期＿＿＿＿＿

（九）数据处理

1. 电阻值的计算（电阻箱仪器误差＝级别%×示数）

$$\overline{R}_x=\sqrt{R_s\cdot R'_s}$$

$$\frac{S_{Rx}}{R_x}=\sqrt{\left(\frac{S_{Rs}}{2R_s}\right)^2+\left(\frac{S_{R's}}{2R'_s}\right)^2}=$$

$$S_{Rx}=\overline{R}_x\cdot\frac{S_{Rx}}{R_x}=$$

$$R_x=\overline{R}_x\pm S_{Rx}=$$

2. 热敏电阻的温度特性

（1）定标曲线。

（2）从定标曲线上查出各对应温度下的 R_t 值。

（3）作出 $\ln R_t-\frac{1}{T}$曲线。

截距 $\ln A=$＿＿＿＿，斜率 $B=$＿＿＿＿，

$A=$＿＿＿＿。

（4）热敏电阻的温度特性函数 $R_t=$＿＿＿＿。

（5）热敏电阻的温度特性曲线。

（十）对测量结果的评价与分析

总成绩	签名

五、万用电表的设计（实验38）

学院________________ 班级________________ 组号____________________

姓名________________ 学号________________ 实验日期________________

书写要求：1. 字迹工整、清晰，铅笔书写文字无效；

2. 使用绘图工具画图，作图规范。

预习思考题

1. 改装电表的基本原理是什么？对改装电流表而言，改装表的量程越大，所需________联的电阻值越________，因为________。对改装电压表而言，改装表量程越大，所需________联的电阻值越________，因为________。

2. 就一个万用电表而言，既可用来测电流和电压，又可用来测电阻，在计算各档所需串、并联电阻值时，是否需要兼顾其他量程的阻值？请按设计要求画出设计电路。

3. 如何计算电流表和电压表各量程串、并联的阻值？如何计算欧姆表的调零电阻和中值电阻？欧姆表表盘刻度与其他量程的表盘刻度有什么不同？

4. 如何校准电流表和电压表？如何作出校准曲线？如何确定电表的精度等级？

5. 简述用替代法测量微安表表头头内阻的实验步骤。

实验报告

（一）实验题目： 万用电表的设计

（二）实验内容

（三）实验目的

（四）实验仪器与用具

（五）实验原理简述

表头内阻测定线路及万用表线路总设计图及图中各串并联电阻的计算（实验前预习时一定要计算出各串并联电阻值及欧姆档中值电阻、调零电阻）。

（六）实验步骤简述

（七）本实验操作注意事项

（八）原始数据记录与数据处理（教师当堂签字方为有效，不得涂改）

1. 表头内阻的测定

用替代法测表头内阻 3 次，求平均值。

$\overline{R}_g$ =

2. 校准 5mA 档电流表

$I_{改}$/mA	0.00	1.00	2.00	3.00	4.00	5.00
$I_{标}$/mA						
($\Delta I = I_{标} - I_{改}$) mA						
备　注	实测　$R_{并}$ =					

3. 校准 5V 档电压表

$U_{改}$/V	0.00	1.00	2.00	3.00	4.00	5.00
$U_{标}$/V						
($\Delta U = U_{标} - U_{改}$) /V						
备　注	实测　$R_{串}$ =					

4. 欧姆表刻度的标定

R_x/Ω	$\frac{1}{4}R_{中}$	$\frac{1}{2}R_{中}$	$R_{中}$	$2R_{中}$	$4R_{中}$	∞
I/mA						
备　注	实测　R_0 = 　　　　$R_{中}$ =					

教师签名________　日期________

（九）数据处理

1. 毫安表校准曲线

精度等级 =________，结论________（填“合格”或“不合格”，与1.5级表比较）。

2. 伏特表校准曲线

精度等级 =________，结论________（填“合格”或“不合格”，与1.5级表比较）。

注：按国家标准，电表精度等级可分为0.1，0.2，0.5，1.0，1.5，2.5，5.0这7个级别，若用K表示电表的精度等级，A表示量程，则该电表在使用时仪器误差限为

$$\Delta_{仪}=AK\%$$

若要确定改装表的精度等级，方法是，在所有测量值中，找出与标准表的差值绝对值最大的一个Δ，用Δ与改装表量程A相比，比值为$\frac{\Delta}{A}=K\%$，在上述7个精度等级中，找出大于或等于K且最接近K的精度等级即为改装表的精度等级。

3. 欧姆表刻度盘

（十）对测量结果的评价与分析

总成绩	签名

六、电子示波器的原理和应用（实验 17）

学院________________ 班级________________ 组号____________________

姓名________________ 学号________________ 实验日期______________

书写要求：1. 字迹工整、清晰，铅笔书写文字无效；

2. 使用绘图工具画图，作图规范。

预习思考题

1. 示波器有哪些用途？它的结构包括几部分？

2. 示波管的结构主要包括哪几部分？各部分起什么作用？分别对应示波器面板上的什么旋钮？

3. 示波器是通过给什么偏转板上加什么波形的扫描电压来观察未知电压波形的？为什么只有当 $f_Y = nf_X$ 时，荧光屏上才会出现稳定的正弦波？当 $f_Y = 3f_X$ 时，在对应荧光屏上可看到几个同期稳定的正弦波图形？

4. 为使图形稳定下来，可调节哪几个旋钮？

5. 什么是李萨如图形？当观察李萨如图形时，Y 轴和 X 轴偏转板上应各加什么波形的电压？为什么？

6. 观察李萨如图形时，此部分内容要看几种图形？若图形不稳定，应调节哪个旋钮？为什么？信号发生器应如何使用？

7. 如何通过本实验所用的双踪示波器来观察二列波形？

实验报告

（一）实验题目： 电子示波器的原理和应用

（二）实验内容：

1. 定量测量输入信号的电压值
2. 观察波形
3. 李萨如法测频率

（三）实验目的

（四）实验仪器与用具

（五）实验原理简述及示波管构造图

（六）实验步骤简述

（七）本实验操作注意事项

（八）原始数据记录与数据处理（教师当堂签字方为有效，不得涂改）

1. 定量测量输入信号的电压值

（1）测量直流输入信号的电压值

光点偏离中心的高度 $Y=$________ cm

示波器的灵敏度 $S_Y=$________ V/cm

$U=S_Y\cdot Y=$________ V

（2）测量整流波形仪输出的交流电压

竖线的长度 L________ cm

示波器的灵敏度 $S_Y=$________ V/cm

$U=S_Y\cdot\dfrac{L}{2\sqrt{2}}=$________ V

2. 观察波形

（1）观察到的交流波形

a）一个周期稳定的正弦波形（$T_X=T_Y$）

b）两个周期稳定的正弦波形（$T_X=2T_Y$）

c）三个周期稳定的正弦波形（$T_X = 3T_Y$）

（2）观察到的各种整流、滤波波形

3. 用李萨如图形测频率

（1）观察到的李萨如图形（用坐标纸作图）

（2）数据表格

条件：$f_Y = 50\text{Hz}$

图形（f_Y:f_X）	1:1	1:2	1:3	2:3
f_X/Hz				

教师签名______________ 日期__________

（九）数据处理

用李萨如图形测频率：

将所测的数据代入 $f_Y = \frac{N_X}{N_Y} f_X$ 得各 f_Y 为

$f_{Y1} = \frac{N_{X1}}{N_{Y1}} f_{X1} =$ $f_{Y2} = \frac{N_{X2}}{N_{Y2}} f_{X2} =$

$f_{Y3} = \frac{N_{X3}}{N_{Y3}} f_{X3} =$ $f_{Y4} = \frac{N_{X4}}{N_{Y4}} f_{X4} =$

$$\bar{f}_Y = \frac{1}{4}\sum_{i=1}^{4} f_{Yi} =$$

（十）对测量结果的评价与分析

总成绩	签名

七、光学实验

学院____________ 班级____________ 组号____________

姓名____________ 学号____________ 实验日期____________

书写要求：1. 字迹工整、清晰，铅笔书写文字无效；

2. 使用绘图工具画图，作图规范。

预习思考题

1. 分光计由哪几部分组成？各部分都起什么作用？

2. 分光计的调节有几步？各步骤的调节目的是什么？如何实现？

3. 分光计上角游标应如何读数？当第一次读数为 $359°22'$，第二次读数为 $66°23'$时，所转过的角度应如何求？在读数前应旋紧哪个螺钉？

4. 光栅方程 $d\sin\varphi = k\lambda$ 的条件是什么？应如何放置光栅才能满足方程的使用条件？用手拿光栅时，应注意什么问题？

5. 衍射条纹的级次如何确定？本实验要求测量哪几级光谱的位置？对应几条谱线？几个数据，应按什么顺序来测量谱线的位置？为什么？

6. 在分光计上，为什么采用双游标读数？对同一条纹测量结果 A、B 游标读数间有什么关系？第 k 级衍射条纹的衍射由公式 $\varphi_k = \dfrac{1}{2}(\varphi_A + \varphi_B)$ 算出，其中 $\varphi_A + \varphi_B$ 分别指什么角度？又如何得到？

7. 何为最小偏向角？满足最小偏向角的条件是什么？

8. 在测定棱镜玻璃的折射率实验中，三棱镜在载物台上的放置位置应有哪些考虑？

9. 为了测量棱镜玻璃对空气的相对折射率，需要测量哪几个量？如何测量？

Ⅰ　用光栅测量光波波长（实验23）

实验报告

（一）实验题目：用光栅测量光波波长

（二）实验内容

（三）实验目的

（四）实验仪器与用具

（五）实验原理简述

（六）实验步骤简述

（七）本实验操作注意事项

分光计望远镜任一位置可由读数装置（双游标）读出方位角值。读数装置由刻度盘与游标组成，刻度盘分为360°，最小刻度为半度（30′），小于半度则利用游标读数，游标上刻有30个小格。故每一格刻度对应角度为1′，角度游标读数的方法与游标卡尺相似。望远镜转过的角度，则是同一游标两次方位角的读数之差。在测读与计算过程中，由于望远镜可能位于任何方位，故必须注意望远镜转动过程中是否越过了刻度的零点。若越过了刻度零点，则必须按式 $\varphi=360^\circ-|\theta_i-\theta'_i|$ 计算望远镜转角。

（八）原始数据记录与数据处理（教师当堂签字方为有效，不得涂改）

各级谱线位置及衍射角

<table>
<tr><td></td><td colspan="2">$k>0$</td><td colspan="2">$k<0$</td><td></td></tr>
<tr><td>条纹级别</td><td>A 游标</td><td>B 游标</td><td>A 游标</td><td>B 游标</td><td>φ_k</td></tr>
<tr><td>1</td><td></td><td></td><td></td><td></td><td></td></tr>
<tr><td>2</td><td></td><td></td><td></td><td></td><td></td></tr>
<tr><td>备注</td><td colspan="5">① 钠光标准波长 $\lambda_0=589.3\text{nm}$
② $\varphi_1=\dfrac{|\varphi_{-1A}-\varphi_{+1A}|+|\varphi_{-1B}-\varphi_{+1B}|}{4}=$
$\varphi_2=\dfrac{|\varphi_{-2A}-\varphi_{+2A}|+|\varphi_{-2B}-\varphi_{+2B}|}{4}=$</td></tr>
</table>

教师签名＿＿＿＿＿＿　日期＿＿＿＿＿

（九）数据处理

λ 值的计算（$d=\frac{1}{100}\text{mm}$ 或 $d=\frac{1}{300}\text{mm}$）

$$\bar{\lambda}=\frac{1}{2}(\lambda_1+\lambda_2)=\frac{1}{2}\left(\frac{d\sin\varphi_1}{k_1}+\frac{d\sin\varphi_2}{k_2}\right)= \qquad \text{(nm)}$$

相对误差 $E=\dfrac{|\bar{\lambda}-589.3|}{589.3}\times100\%=$

（十）对测量结果的评价与分析

Ⅱ 用分光计测量棱镜玻璃的折射率（实验20）

实验报告

（一）实验题目：用分光计测量棱镜玻璃的折射率

（二）实验内容

（三）实验目的

（四）实验仪器与用具

（五）实验原理简述

（六）实验步骤简述

（七）本实验操作注意事项

（八）原始数据记录与数据处理（教师当堂签字方为有效，不得涂改）

1. 测三棱镜顶角 α

测量次数	θ_1		θ_2		$\alpha=\frac{1}{4}(\lvert\theta'_1-\theta'_2\rvert+\lvert\theta''_1-\theta''_2\rvert)$
	游标Ⅰ的读数 θ'_1	游标Ⅱ的读数 θ''_1	游标Ⅰ的读数 θ'_2	游标Ⅱ的读数 θ''_2	
1					
2					
3					
平均值	$\bar{\alpha}=$				

2. 测量最小偏向角（选做内容）

光的波长/nm	φ_1		φ_0		$\delta_m=\frac{\lvert\varphi'_1-\varphi'_0\rvert+\lvert\varphi''_1-\varphi''_0\rvert}{2}$	$n=\frac{\sin\frac{\alpha+\delta_m}{2}}{\sin\frac{\alpha}{2}}$
	游标Ⅰ φ'_1	游标Ⅱ φ''_1	游标Ⅰ φ'_0	游标Ⅱ φ''_0		

教师签名____________ 日期________

（九）数据处理

$$n=\frac{\sin\frac{\alpha+\delta_m}{2}}{\sin\frac{\alpha}{2}}=$$

（十）对测量结果的评价与分析

总成绩	签名

八、夫兰克－赫兹实验（实验28）

学院________________ 班级________________ 组号________________

姓名________________ 学号________________ 实验日期________________

书写要求：1. 字迹工整、清晰，铅笔书写文字无效；
2. 使用绘图工具画图，作图规范。

预习思考题

1. $I_A - U_{G2K}$曲线是如何形成的？

2. $I_A - U_{G2K}$曲线中的第一个峰值对应的横坐标电压值是否就是氩原子的第一激发电压？请说明原因。

3. 如果没有 U_{G2A}，试描绘 $I_A - U_{G2K}$曲线的形状，并说明理由。

实 验 报 告

（一）实验题目： 夫兰克－赫兹实验

（二）实验内容

（三）实验目的

（四）实验仪器与用具

（五）实验原理简述

（六）实验步骤简述

（七）本实验操作注意事项

（八）原始数据记录与数据处理（教师当堂签字方为有效，不得涂改）

1. 数据记录　U_F = ________；U_{G1K} = ________；U_{G2A} = ________。

N	1	2	3	4	5	6	7	8	9	10
U_{G2K}/V										
$I_A/\times 10^{-7}$ A										
N	11	12	13	14	15	16	17	18	19	20
U_{G2K}/V										
$I_A/\times 10^{-7}$ A										
N	21	22	23	24	25	26	27	28	29	30
U_{G2K}/V										
$I_A \times 10^{-7}$ A										
N	31	32	33	34	35	36	37	38	39	40
U_{G2K}/V										
$I_A \times 10^{-7}$ A										
N	41	42	43	44	45	46	47	48	49	50
U_{G2K}/V										
$I_A/\times 10^{-7}$ A										

教师签名____________　日期________

2. 数据处理

（1）$I_A - U_{G2K}$曲线

（2）用逐差法计算氩原子第一激发电位

（3）误差分析

氩原子第一激发电位 $U_0 = 11.8\text{V}$

相对误差：$\frac{|U - U_0|}{U_0} \times 100\% =$

（九）对测量结果的评价与分析

总成绩	签名

九、普朗克常量的测定（实验32）

学院＿＿＿＿＿＿＿ 班级＿＿＿＿＿＿＿ 组号＿＿＿＿＿＿＿

姓名＿＿＿＿＿＿＿ 学号＿＿＿＿＿＿＿ 实验日期＿＿＿＿＿＿＿

书写要求：1. 字迹工整、清晰，铅笔书写文字无效；
2. 使用绘图工具画图，作图规范。

预习思考题

1. 光电流是否会随光源的光强而变化？截止电位是否因光源光强的不同而改变？请解释。

2. 本实验是如何满足照到光电管的入射光束为单色光的？

3. 在实验过程中若改变了光源与光电管之间的距离，会产生什么影响？

4. 光电管的阴极和阳极之间存在接触电位差，试分析这对本实验结果有无影响？

5. 光电管的阳极和阴极材料的选用应考虑哪些因素？

6. 请用学过的知识设计一实验方案，测量饱和光电流随光强的变化。

实 验 报 告

（一）实验题目： 普朗克常量的测定

（二）实验内容：

（三）实验目的

（四）实验仪器与用具

（五）实验原理简述

（六）实验步骤简述

（七）本实验操作注意事项

（八）原始数据记录（教师当堂签字方为有效，不得涂改）

各滤光片的伏安特性曲线

U_{365}/V										
$I_{365}/\times10^{-13}$A										
U_{405}/V										
$I_{405}/\times10^{-13}$A										
U_{436}/V										
$I_{436}/\times10^{-13}$A										
U_{546}/V										
$I_{546}/\times10^{-13}$A										
U_{577}/V										
$I_{577}/\times10^{-13}$A										

教师签名____________ 日期________

（九）数据处理

1. 伏安特性曲线

由以上各伏安特性曲线图，可以得到 U_S（截止电压）与波长频率 ν 的关系（注：$\nu = \frac{c}{\lambda}$）：

U_S/V					
ν/Hz					

2. U_S 与 ν 的关系曲线

3. 计算普朗克常量 h、逸出功 W_S 和截止频率 ν_0（普朗克常量公认值取 $h = 6.62 \times 10^{-34}$ J · s）

$$\text{相对误差} = \left| \frac{h_{\text{测}} - h_{\text{公认值}}}{h_{\text{公认值}}} \right| \times 100\% =$$

（十）对测量结果的评价与分析

总成绩	签名

十、电子和场实验（实验36）

学院________ 班级________ 组号________

姓名________ 学号________ 实验日期________

书写要求：1. 字迹工整、清晰，铅笔书写文字无效；

2. 使用绘图工具画图，作图规范。

预习思考题

1. 当阴极和阳极为共轴圆柱时，加速电压$\sqrt{U_a}$和阴极发射电流 $\lg I_a$ 之间成________关系，用________方法得到________，就可求得加速电场为零时的热电子发射电流。

2. 测定钨的逸出功时，阴极回路中的电流应该是个________电源。

3. 在测量钨的逸出功实验中，其数据处理方法很巧妙，你体会最深的是什么？

Ⅰ　电子逸出功的测定

实 验 报 告

（一）**实验题目**：电子逸出功的测定

（二）**实验内容**

（三）**实验目的**

（四）**实验仪器与用具**

（五）**实验原理简述**

（六）实验步骤简述

（七）本实验操作注意事项

（八）原始数据记录与数据处理（教师当堂签字方为有效，不得涂改）

1. 测定钨的逸出功

I_f/A	0.65				0.70				0.75				0.80			
$T/10^3$K																
$\frac{1}{T}$																
U_a/V																
$\sqrt{U_a}$																
I_a（I'_e）																
$\lg I'_e$																
$\lg I_e$																
I_e																
$\lg\frac{I_e}{T^2}$																

教师签名______________ 日期__________

2. 画出 $\lg I'_e - \sqrt{U_a}$曲线及 $\lg \frac{I_e}{T^2}$与$\frac{1}{T}$曲线，求逸出功

（九）对测量结果的评价与分析

Ⅱ 电子束在径向电场和轴向磁场中的运动（磁控条件）

实验报告

（一）实验题目：电子束在径向电场和轴向磁场中的运动

（二）实验内容

（三）实验目的

（四）实验仪器与用具

（五）实验原理简述

(六) 实验步骤简述

(七) 本实验操作注意事项

(八) 原始数据记录（教师当堂签字方为有效，不得涂改）

U_a/V		I_f = ________ A									
5V	I_a/μA										
	I_s/A										
4V	I_a/μA										
	I_s/A										
3V	I_a/μA										
	I_s/A										
2V	I_a/μA										
	I_s/A										

教师签名________________　　日期__________

(九) 数据处理

(1) 根据记录的数据表格作 $I_a - I_s$ 曲线图和 $U_a - I_c^2$ 关系图。

U_a/V	5	4	3	2
I_c				
I_c^2				

（2）在 $U_a - I_c^2$ 关系图中，A 点坐标为________；B 点坐标为________。$\Delta U_a/\Delta I_c^2$ 的斜率 $k =$ ________ V/A^2。

（十）对测量结果的评价与分析

总成绩	签名

十一、用霍尔效应法测磁场（实验15）

学院＿＿＿＿＿＿　班级＿＿＿＿＿＿　组号＿＿＿＿＿＿＿

姓名＿＿＿＿＿＿　学号＿＿＿＿＿＿　实验日期＿＿＿＿＿＿

书写要求：1. 字迹工整、清晰，铅笔书写文字无效；
2. 使用绘图工具画图，作图规范。

预习思考题

1. 什么是霍尔效应？霍尔电压是如何形成的？从霍尔电压的计算公式来看，U_H 与哪些因素有关？
2. 造成霍尔电压值测量误差的主要原因有哪两个？应如何克服？
3. 在测量过程中，对电流和磁场正、反方向的多次测量起什么作用？
4. 本实验要求测量几部分内容？各测几个数据？
5. 箱式电位差计应如何使用？
6. 载流子的类型应如何判断？
7. 在测量霍尔电压与励磁电流的关系时，数据应具有什么特点？
8. $B-x$ 曲线是什么形状？

实 验 报 告

（一） 实验题目：用霍尔效应法测磁场

（二） 实验内容

1. 作 $U_H - I$ 关系曲线
2. 判断载流子的类型
3. 测量磁感应强度 B 与励磁电流 I_B 的关系
4. 作磁感应强度 B 沿 x 轴的分布曲线

（三） 实验目的

（四） 实验仪器与用具

（五） 实验原理简述及实测电路图

（六）实验步骤简述

（七）本实验操作注意事项

（八）原始数据记录（教师当堂签字方为有效，不得涂改）

1. 作 U_H-I 关系曲线

条件：$I_B=0.5A$

I/mA	1.00	2.00	3.00	4.00	5.00
U_{H1}/mV					
U_{H2}/mV					
U_{H3}/mV					
U_{H4}/mV					
$\overline{U}_H$					

2. 测量 B 与 I_B 的关系

霍尔元件的灵敏度：$K_H=2300\text{mV}/(\text{mA}\cdot\text{mT})$；条件：$I=5\text{mA}$

I_B/A	0.10	0.20	0.30	0.40	0.50
U_{H1}/mV					
U_{H2}/mV					
U_{H3}/mV					
U_{H4}/mV					
$\overline{U}_H$/mV					
B/mT $B=\frac{\overline{U}_H}{K_H I}$					

3. 测量 B 沿 x 轴的分布

$K_H=2300\text{mV}/(\text{mA}\cdot\text{mT})$；条件：$I_B=0.50\text{A}$ $I=5.00\text{mA}$

x/cm	-15.00	-13.00	-11.00	-9.00	-7.00	-5.00	-3.00	-1.00
U_{H1}/mV								
$B=\frac{U_{H1}}{K_H I}$/mT								
x/cm	1.00	3.00	5.00	7.00	9.00	11.00	13.00	15.00
U_{H1}/mV								
$B=\frac{U_{H1}}{K_H I}$/mT								

教师签名______________ 日期__________

（九）数据处理

1. U_H-I 曲线

2. $B-I_B$ 曲线

3. $B-x$ 曲线

（十）对测量结果的评价与分析

总成绩	签名

十二、等厚干涉（实验21）

学院____________ 班级____________ 组号________________

姓名____________ 学号____________ 实验日期____________

书写要求：1. 字迹工整、清晰，铅笔书写文字无效；
2. 使用绘图工具画图，作图规范。

预习思考题

1. 等厚干涉有哪些应用？产生牛顿环干涉和劈尖干涉的两束光分别是哪两个表面反射的？为什么牛顿环的干涉条纹是圆环状的，而劈尖干涉条纹是直线？

2. 对于牛顿环来说，第 k 级干涉环下面对应的空气层厚度等于多少？第 k 级暗环、暗环半径与哪些因素有关？为什么在利用 $R=\frac{d_{k+m}^2-d_k^2}{4m\lambda}$ 来计算牛顿环曲率半径时要采用干涉圆环直径 D？

3. 本实验是通过测量哪些圆环的直径来测量透镜的曲率半径的？为什么牛顿环装置的螺钉松紧要适度？若不测量，如何判定牛顿环的环心在何处？在操作时，应该按照怎样的顺序来测量各环位置？为什么？

4. 在测量劈尖倾角时，需要测量多少条条纹的位置？

5. 读数显微镜应如何调节和读数？测定牛顿环中条纹的位置时，叉丝应处于所测条纹的正中间还是与所测条纹的一侧相切？

实 验 报 告

（一）实验题目：等厚干涉

（二）实验内容

1. 测量透镜的曲率半径 R
2. 测量劈尖夹角 θ

（三）实验目的

（四）实验仪器与用具

（五）实验原理简述

（六）实验步骤简述

（七）本实验操作注意事项

（八）原始数据记录（教师当堂签字方为有效，不得涂改）

1. 曲率半径 R 的测量数据

$\lambda = 589.3\text{nm}$

级数 k	环的位置/mm		环的直径 d_k/mm	d_k^2/mm^2	u_k/mm^2 $(u_k = d_{k+5}^2 - d_k^2)\text{mm}^2$	
	左	右				
16					u_{11}	
15					u_{10}	
14					u_9	
13					u_8	
12					u_7	
11						
10						
9					$\bar{u} = \sum_{i=7}^{11} \frac{u_i}{5} =$	
8						
7						

2. 测量劈尖夹角 θ

级数 k	读数 n_k/mm	$(u_k = \lvert n_{k+20} - n_k \rvert)$ mm	
0		u_{16}	
4		u_{12}	
8		u_8	
12		u_4	
16		u_0	
20		$\bar{u}$	
24		$\bar{l} = \dfrac{\bar{u}}{20} =$　　mm	
28			
32			
36			

教师签名____________　日期________

（九）数据处理

1. 计算曲率半径 R

根据公式$R = \dfrac{d_{k+m}^2 - d_k^2}{4m\lambda}$，得

$$\bar{R} = \frac{\bar{u}}{4 \times 5 \times \lambda} = \_\_\_\_ \text{ mm}$$

2. 计算劈尖夹角 θ

根据公式$\theta = \dfrac{\lambda}{2\bar{l}}$，得

$$\theta = \frac{\lambda}{2\bar{l}} = \_\_\_\_ \text{ rad}$$

（十）对测量结果的评价与分析

总成绩	签名

十三、密立根油滴实验（实验27）

学院____________ 班级____________ 组号________________

姓名____________ 学号____________ 实验日期____________

书写要求：1. 字迹工整、清晰，铅笔书写文字无效；

2. 使用绘图工具画图，作图规范。

预习思考题

1. 对本实验结果造成影响的主要因素有哪些?

2. 如何判断油滴盒内两平行极板间是否水平？若不水平，对实验会有何影响?

3. 油滴仪主要由________、________、________、________、监视器等组成。

4. 防风罩前装有显微摄像系统，显示屏上分划板刻度共分8格，每格为________ mm。

5. 油滴仪面板上有两只控制平行极板间电压的三档开关，S_1控制__________，S_2控制__________________。当S_2处于中间位置即________档时，可用电位器调节平衡电压的大小。拨向________档时，自动在平衡电压的基础上增加200～300V的提升电压。拨向“0V”档时，极板上电压为0V。

6. 选择合适的油滴很重要。质量太大的油滴，下落时间____，时间测量误差____；质量太小的油滴，布朗运动比较明显，也易造成测量误差。油滴所带电荷量的多少对测量误差也有影响。通常选择平衡电压在________左右，均匀下落________ mm，时间在8～20s左右，目视油滴的直径（屏幕上尺寸），选择在________ mm左右的油滴比较适宜。

实 验 报 告

（一）实验题目：密立根油滴实验

（二）实验内容

1. 熟悉密立根油滴仪的使用。
2. 基本电荷的电荷量测定。

（三）实验目的

（四）实验仪器与用具

（五）实验原理简述

（六）实验步骤简述

（七）本实验操作注意事项

（八）原始数据记录与数据处理（教师当堂签字方为有效，不得涂改）

测试数据（记录每颗油滴多次测量结果的平均值）

油滴	$q/10^{-19}$C	n	$e/10^{-19}$C	相对误差 $E/(\%)$
1				
2				
3				
4				
5				

教师签名______________　日期__________

① 根据实验数据，用作图法计算单电荷电量 e：

② 计算单电荷电荷量的相对误差：$E = \left| \frac{e - 1.602 \times 10^{-19}}{1.602 \times 10^{-19}} \right| \times 100\% =$ ________

（九）对测量结果的评价与分析

总成绩	签名

十四、迈克耳孙干涉仪的调整和使用（实验31）

学院__________ 班级__________ 组号__________

姓名__________ 学号__________ 实验日期__________

书写要求：1. 字迹工整、清晰，铅笔书写文字无效；

2. 使用绘图工具画图，作图规范。

预习思考题

1. 了解迈克耳孙干涉仪的结构、光路及用途。

2. 从本实验观察到的干涉环与牛顿环干涉形成的干涉圆环在形成机制上有什么不同？在环的各级分布方面又有什么不同？

3. 在本实验中应如何调节仪器？M_1 镜的位置如何读出？M_2 镜的像 M'_2 平行于 M_1 镜的实质是什么？通过调节哪些螺钉来实现？

4. 本实验要求每“冒出”或“缩入”多少个暗环记录一次 M_1 位置，共需记录多少次，为什么要记录双数个数据？

5. 在本实验中，粗调手轮和微调手轮的分度值分别是多少？如何读数？为什么在测量中的 M_1 镜只能向一个方向移动？为保证这一点，在转动手轮时需要注意什么问题？

6. 在本实验中，每“冒出”一个环，对应 M'_2 与 M_1 间的距离是增大了，还是缩小了？变化了多少？干涉图样内干涉条纹数目是增多还是减少或是不变？每“缩入”一个环以上各问情况又如何？

实验报告

（一）实验题目：迈克耳孙干涉仪的调整和使用

（二）实验内容

1. 熟悉迈克耳孙干涉仪的使用。
2. 用迈克耳孙干涉仪测量 He－Ne 激光的波长。

（三）实验目的

（四）实验仪器与用具

（五）实验原理简述

（六）实验步骤简述

（七）本实验操作注意事项

（八）原始数据记录（教师当堂签字方为有效，不得涂改）

1. 激光波长的测量

I_m 未换向测得数据

N_i	0	50	100	150	200
$d/10^{-4}$mm					
N_i	250	300	350	400	450
$d/10^{-4}$mm					
$\Delta d/10^{-4}$mm					

教师签名______________　日期_________

2. 平均波长差 $\Delta\lambda$ 的测量（选做实验）

测量次数 n_0	1	2	3	4	5
第 n_0 次读数					
测量次数 n_0+5	6	7	8	9	10
第 n_0+5 次 d_n 读数					
Δd					
$\Delta\bar{d}$			1/5（$\Delta\bar{d}$）		

教师签名______________　日期_________

（九）数据处理

1. 激光波长的测量

$$\Delta\bar{d} = \frac{1}{n}\sum_{i=1}^{n}\Delta d_i = \_\_\_\_\_\_\_\_(\text{nm})$$

$$\bar{\lambda} = \frac{2\Delta\bar{d}}{\Delta N}\times 100\% = \_\_\_\_\_\_\_\_(\text{nm})$$

$$\text{相对误差} = \frac{|\bar{\lambda}-632.8|}{632.8} =$$

2. 钠黄双线波长差（选做实验）

在测量钠双线波长差中，用逐差法计算 $\Delta\overline{d}$。计算波长差并与公认值 $\Delta\lambda = 0.597\text{nm}$ 比较，算出相对百分误差。

（十）对测量结果的评价与分析

总成绩	签名

十五、铁磁材料基本特性的测量（实验34）

学院______________ 班级______________ 组号__________________

姓名______________ 学号______________ 实验日期______________

书写要求：1. 字迹工整、清晰，铅笔书写文字无效；

2. 使用绘图工具画图，作图规范。

预习思考题

1. 将 U_1 接至示波器的 X 输入端，将 U_2 接至示波器的 Y 输入端，为什么能用电学量 U 来测量 H 和 B？

2. 样品的磁化强度在温度达到居里点时发生突变的微观机理是什么？试用磁畴理论进行解释。

3. 铁磁物质的磁性与温度的关系怎样？居里点温度指的是什么温度？

4. 测出的$\mathscr{E}_{\mathrm{eff}(B)}-T$ 曲线为什么与横坐标轴没有交点吗？

实 验 报 告

（一） **实验题目：**铁磁材料基本特性的测量

（二） **实验内容**

1. 测电磁材料的磁化曲线。
2. 测电磁材料的磁滞回线。
3. 测电磁材料的居里点温度。

（三） **实验目的**

（四） **实验仪器与用具**

（五） **实验原理简述**

（六） **实验步骤简述**

（七）本实验操作注意事项

（八）原始实验数据记录与数据处理（教师当堂签字方为有效，不得涂改）

$$H=\left(\frac{N_1}{L}\right)\cdot\frac{U_1}{R_1}=\frac{N_1}{LR_1}\cdot U_1=K_xS_xX,\qquad K_x=\frac{N_1}{LR_1}$$

$$B=\frac{R_2C}{N_2S}\cdot U_C=K_yS_yY,\qquad K_y=\frac{R_2C}{N_2S}$$

1. 磁化曲线与磁滞回线的测量

$N_1=50$， $L=60\text{mm}$， $R_2=10\text{k}\Omega$， $C=10\mu\text{F}$

$N_2=150$， $S=80\text{mm}^2$， $R_1=$

（1）磁化曲线测量 $K_x=$ $K_y=$ $S_x=$ $S_y=$

U/V	0.5	1.0								
X/cm										
Y/cm										
H/(A/m)										
B/T										

（2）磁滞回线 $U=$ $K_x=$ $K_y=$ $S_x=$ $S_y=$

X/cm										
Y/cm										
H/(A/m)										
B/T										

（3）磁化曲线与磁滞回线图

2. 居里点的测量

样品________居里点实际值________　　（由实验室给出）

（1）用观察法测居里点温度：________。相对误差 $E=$________。

（2）用感应法测定居里温度：________。相对误差 $E=$________。

用感应法测定居里温度

T/℃														
U/mV														
T/℃														
U/mV														

教师签名____________　　日期________

用感应法测定居里温度曲线

观察法测居里点温度：________　　相对误差　$E=$________

感应法测定居里温度：________　　相对误差　$E=$________

（九）对测量结果的评价与分析

总成绩	签名

十六、传感器综合实验（实验35）

学院____________ 班级____________ 组号____________

姓名____________ 学号____________ 实验日期____________

书写要求：1. 字迹工整、清晰，铅笔书写文字无效；

2. 使用绘图工具画图，作图规范。

预习思考题

1. 简述光纤传输原理。
2. 简述光纤传感器的测试原理。
3. 何谓半导体压阻效应？
4. 简述惠斯顿电桥（也叫单臂电桥）测电阻原理。

实 验 报 告

（一）实验题目：传感器综合实验

（二）实验内容

1. 半导体应变片性能测试
2. 光纤位移传感器应用

（三）实验目的

（四）实验仪器与用具

（五）实验原理简述

（六）实验步骤简述

（七）本实验操作注意事项

（八）原始数据记录与数据处理（教师当堂签字方为有效，不得涂改）

1. 半导体应变片性能测试

X/mm	0.00	0.25	0.50	0.75	1.00	1.25	1.50	1.75	2.00	2.25	2.50	2.75	3.00
U/V													

作位移－电压曲线，并利用曲线计算电压灵敏度 S_U。

2. 光纤传感器位移定标曲线测定

X/mm	0.00	0.25	0.50	0.75	1.00	1.25	1.50	1.75	2.00	2.25	2.50	2.75	3.00
U/V													

作位移－输出电压曲线：

3. 光纤传感器转速测定

用光纤传感器在扇叶不同位置测量最大转速。

测量次数	1	2	3
频率 f/kHz			

教师签名____________　日期________

计算转速 n

（九）对测量结果的评价与分析

总成绩	签名

十七、不良导体热导率的测定（实验37）

学院____________ 班级____________ 组号____________

姓名____________ 学号____________ 实验日期____________

书写要求：1. 字迹工整、清晰，铅笔书写文字无效；

2. 使用绘图工具画图，作图规范。

预习思考题

1. 应用稳态法是否可以测量不良导体的热导率？如果可以，对实验样本有什么要求？实验方法与测不良导体有什么区别？

2. 试问以铜盘的散热率作为材料的传热率，其物理根据和意义何在？

实 验 报 告

（一）实验题目： 不良导体热导率的测定

（二）实验内容

1. 测量稳态时加热盘及散热盘的温度。
2. 测量散热盘的冷却曲线。

（三）实验目的

（四）实验仪器与用具

（五）实验原理简述

（六）实验步骤简述

（七）本实验操作注意事项

（八）原始数据记录与数据处理（教师当堂签字方为有效，不得涂改）

不良导体热导率的测定的有关数据。

样品：橡胶

室温：20℃

散热盘比热容（紫铜）：$c=385\text{J}/(\text{kg}\cdot\text{K})$

散热盘质量：$m=891.42\text{g}$

（1）散热盘厚度 h_P（本次测量取平均值）：

散热盘厚度（不同位置测量）

h_P/mm						

所用散热盘 P 的厚度：$h_P=$________ mm

（2）散热盘半径 R_P（本次测量取平均值）：

散热盘半径（不同角度测量）

D_P/mm						

所用散热盘 P 的半径：$R_P=$________ mm

（3）橡皮样品厚度 h_B（本次测量取平均值）：

橡皮样品厚度（不同位置测量）

h_B/mm						

所用橡皮样品的厚度：$h_B=$________ mm

（4）橡皮样品直径 d_B（本次测量取平均值）

橡皮样品直径（不同位置测量）

d_B/mm						

所用橡皮样品的直径：$d_B=$________ mm

（5）稳态时（10min 内基本保持不变），记录 θ_1 和 θ_2。

θ_1 ____________，θ_2 ____________。

（6）每隔 10s 记录一次散热盘冷却时的温度示值填入下表中。

散热盘冷却时温度记录

θ/℃												
θ/℃												

教师签名____________ 日期________

（九）数据处理

1. 作冷却曲线得到：

2. 取临近 θ_2 温度的测量数据，求出冷却速率 $\left.\frac{\Delta\theta}{\Delta t}\right|_{\theta=\theta_2}=$

3. 将数据代入公式 $\lambda=mc\left.\frac{\Delta\theta}{\Delta t}\right|_{\theta=\theta_2}\left(\frac{R_P+2h_P}{2R_P+2h_P}\right)\left(\frac{4h_B 1}{\theta_1-\theta_2\pi d_B^2}\right)$求出 $\lambda=$

（十）对测量结果的评价与分析

总成绩	签名

十八、用电流场模拟静电场（实验 14）

学院____________ 班级____________ 组号____________

姓名____________ 学号____________ 实验日期____________

书写要求：1. 字迹工整、清晰，铅笔书写文字无效；

2. 使用绘图工具画图，作图规范。

预习思考题

1. 为什么用模拟法而不是直接测绘静电场？本实验是用什么场来代替静电场测绘的？为什么？为什么两极间要加交流电？

2. 什么是等位面？什么是电力线？两者有什么关系？

3. 本实验要测等位面还是电力线？要测哪几种电极的电场分布？各测几条曲线？测量时，场分布的对称性有什么作用？

4. 如果将电源电压增大一倍或减少一半，等位线和电力线的形状是否变化？电场强度和电位分布是否变化？

实 验 报 告

（一）实验题目： 用电流场模拟静电场

（二）实验内容

1. 测绘同轴电缆的等势线。
2. 测绘聚焦电极的等势线。
3. 测绘平行输电线周围的电势线。

（三）实验目的

（四）实验仪器与用具

（五）实验原理简述及实测电路图

（六）实验步骤简述

（七）本实验操作注意事项

（八）原始数据记录（教师当堂签字方为有效，不得涂改）

模拟图一：同轴电缆等位线及电力线分布

模拟图二：聚焦电极等位线及电力线分布

模拟图三：平行输电线等位线及电力线分布

教师签名______________　　日期_________

（九）数据处理

1. 根据原始的模拟曲线绘出电力线分布图（在原始图上绘）

（1）同轴电缆

（2）聚焦电极

（3）平行输电线

2. 由测绘所得的同轴电缆等位线分布图填写下表，并绘出相应的 $U-r$ 曲线。

同轴电缆电极 $U-r$ 分布关系

U/V								
r/cm								

（十）对测量结果的评价与分析

总成绩	签名

十九、计算机仿真实验（实验40）

学院____________ 班级____________ 组号____________

姓名____________ 学号____________ 实验日期____________

书写要求：1. 字迹工整、清晰，铅笔书写文字无效；
2. 使用绘图工具画图，作图规范。

实验报告

（一）实验题目：气垫导轨上的直线运动

（二）实验内容

1. 验证牛顿第二定律。
2. 测量加速度。
3. 碰撞实验。

（三）实验目的

（四）实验原理简述

（五）原始数据记录（教师当堂签字方为有效，不得涂改）

1. 验证牛顿第二定律

F/N	m/g	Δt_1/ms	Δt_2/ms	Δt_3/ms	$\Delta\bar{t}$/ms	a/(cm/s^2)

2. 测量加速度

Δs/cm	Δt_1/ms	Δt_2/ms	Δt_3/ms	$\Delta\bar{t}$/ms	v^2/(cm^2/s^2)	$2s$/cm

3. 碰撞研究（参见计算机程序）

教师签名______________ 日期__________

（六）数据处理

1. 绘制 $a-F$ 曲线，验证 $F=ma$。

2. 绘制 $2S-v^2$ 曲线，求解 a，并根据气垫导轨参数计算 g。

（七）对测量结果的评价与分析